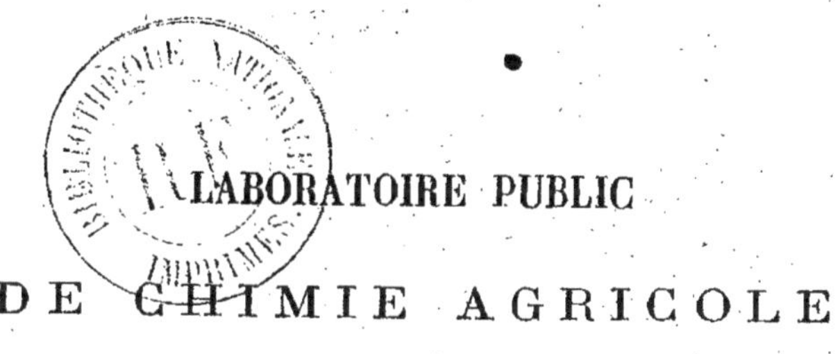

LABORATOIRE PUBLIC DE CHIMIE AGRICOLE

RAPPORT DE M. LE DIRECTEUR

DÉPARTEMENT DE LA LOIRE-INFÉRIEURE.

CONSEIL GÉNÉRAL.

SESSION DE 1874

LABORATOIRE PUBLIC DE CHIMIE AGRICOLE

RAPPORT DE M. LE DIRECTEUR

MONSIEUR LE PRÉFET,

Le commerce et l'emploi des engrais artificiels ont donné lieu pendant l'exercice écoulé à des transactions exceptionnellement importantes. Ces transactions ont été caractérisées par deux faits bien dignes de remarque. D'une part, nos cultivateurs ont fait l'essai de matières nouvelles, et notamment de superphosphates azotés ; d'autre part, ils ont témoigné par des demandes d'analyses plus nombreuses, du légitime intérêt qu'ils attachent à connaître la nature exacte des matières confiées au sol arable. Ce serait se faire illusion, à coup sûr, que de croire à la possibilité de déterminer *rigoureusement et dans tous les cas* la valeur agricole des matières fertilisantes par l'évaluation numérique de leurs éléments constitutifs, toutefois l'analyse chimique est un élément d'appréciation sûr lorsqu'il s'agit d'examiner comparativement et à son aide des substances de même origine; les falsifications sont ainsi démasquées, et alors même que cette analyse est résumée dans un essai propre à la séparation de deux ou trois matières utiles contenues dans un engrais, elle rend incontestablement de très-grands services.

En ce qui concerne la *valeur agricole* proprement dite, c'est au cultivateur à la rechercher par l'expérience, et à constater dans quelles limites les vraisemblances entrevues par le chimiste se rapprocheront des réalités; quoiqu'il en soit, ce serait bien mal comprendre ses intérêts que d'acheter un noir animal, une poudre d'os, un phosphate fossile, un guano ou un superphosphate, sans avoir fait doser les proportions pondérales de l'acide phosphorique, de l'azote, et en un mot, des principes notoirement précieux qui doivent y être contenus.

Cette solidarité étroite de l'analyse dans le laboratoire et de l'essai dans le sol perd de son importance, lorsque, dans une région géologique déterminée, de longues expérimentations chimiques et agricoles ont eu lieu. Il est évident, en effet, que dans les départements de la Bretagne on connaît *a priori* la favorable action des phosphates d'os, des phosphates fossiles, etc. ; mais, lorsqu'il s'agit de produits naturels modifiés par des réactifs chimiques, lorsque l'agriculteur doit rechercher, si dans un terrain feldspathique il a plus d'avantage à introduire de la potasse que de labourer ou de chauler son domaine, lorsqu'il doit choisir entre les phosphates du Languedoc, de Navassa ou du Nassau et ceux des Ardennes ou du Boulonnais ; lorsqu'enfin, les engrais riches en acide phosphorique immédiatement soluble lui sont présentés comme plus avantageux que ceux dont le noir animal résidu de raffinerie constitue un type nettement déterminé : c'est alors que l'analyse chimique, dont le rôle est limité, doit être complétée par l'interprétation des faits sur le terrain lui-même.

En somme, l'analyse chimique suffit dans beaucoup de circonstances à éclairer la pratique agricole lorsqu'il s'agit d'achat de matières fertilisantes : quelquefois elle n'apporte que des renseignements — dont l'utilité incontestable d'ailleurs — ne saurait cependant dispenser d'observations d'ordre cultural. C'est à ce point de vue qu'une expérience déjà longue de la question des engrais m'a progressivement amené, et tous mes efforts tendent à faire comprendre aux agriculteurs du département que leur intérêt bien compris les y amène également.

Sur une bienveillante demande de l'administration le Conseil général avait naguère patroné la publication d'un petit catéchisme agricole qui, sous le titre de *Simples notions*, contenait le développement des principes auxquels je viens de faire allusion. Rapidement épuisé, ce catéchisme vient d'être mis au courant des faits les plus récents, et je me suis efforcé dans une seconde édition annexée au présent rapport de présenter sous une forme simple et concise les connaissances que le laboureur doit posséder pour ne pas faire fausse route. J'espère avoir justifié, par la publication de cette seconde édition, l'intérêt que le Conseil général avait daigné manifester en faveur de l'œuvre primitive.

L'idée des laboratoires départementaux, dont l'initiative appartient à la Loire-Inférieure : la vente sur garantie de composition — dans tous les cas où la nature des matières la comporte, — organisée pour la première fois à Nantes, en 1850, font depuis quelques années un rapide chemin dans le pays. Les laboratoires se multiplient, et, selon les circonstances, les subventions de l'Etat, des départements, des communes ou des sociétés agricoles permettent de fonder ces utiles bureaux de renseignements. A Nantes, la route est désormais frayée, l'analyse est entrée dans les habitudes commerciales, sa gratuité contribue à la répandre chez les acheteurs de la campagne, et je ne puis en donner une démonstration plus claire, qu'en reproduisant les chiffres suivants, extraits de mon registre de laboratoire.

Les échantillons analysés peuvent être classés de la manière suivante :

Phosphates fossiles	109
Noir animal	95
Superphosphates de chaux.	54
Engrais mixtes	44
Guanos du Pérou	36
Phosphates minéraux	18
A reporter.	356

Report.	356
Phosphates précipités	13
Guanos mélangés	12
Sulfate d'ammoniaque.	10
Poudres d'os.	6
Vases tourbeuses	5
— carbonisées.	4
Tourteaux d'arachides.	4
Poudrettes	4
Déchets de tannerie	2
Salpêtre	2
Sel marin	1
Sang sec.	1
Kainit	1
Chaux.	2
Chlorure de potassium.	1
Faux guano	1
Cendres	3
Calcaires	2
Total.	430

Sur ce nombre, il convient de remarquer que 113 échantillons ont été essayés, *sans frais,* sur la demande des cultivateurs. Ce chiffre accuse une progression sur l'an dernier, et j'aime à constater que ce sont particulièrement les acheteurs de phosphate fossile qui ont demandé à l'analyse chimique un contrôle de leurs transactions. Voici le relevé des analyses gratuites faites jusqu'au 1er août 1874, pour des cultivateurs du département :

Nature d'engrais.	Nombre d'échantillons.
Phosphates fossiles	45
Noir animal	37
Engrais mixtes	12
Poudres d'os	4
Guano péruvien	3
Kainit	1
Débris de tannerie	1
Divers	10
Total	113

Phosphates fossiles. — Ces matières, dont les heureux effets sont chaque jour mieux appréciés, n'arrivent souvent au champ qui doit les recevoir qu'après avoir été audacieusement fraudées ; c'est au grand jour que dans des usines de Nantes et de Saint-Nicolas-de-Redon, on les mélange avec du sable pulvérisé, des schistes de Bahurel, des polypiers, et en un mot avec des substances de nulle valeur. Le simple traitement par l'acide nitrique — qui, *convenablement employé*, laisse le sable et l'argile presque entièrement inattaqués — ou mieux encore le dosage de l'acide phosphorique, décèlent parfaitement de telles fraudes. On ne saurait donc trop engager les cultivateurs à envoyer des échantillons des phosphates qu'ils achètent, dans les divers laboratoires de chimie agricole, ils y trouveront d'utiles renseignements. Les acheteurs de la Loire-Inférieure commencent à prendre le chemin du laboratoire de

Nantes, et sur les 113 échantillons d'engrais qui m'ont été soumis, 45 appartenaient à la catégorie des phosphates pulvérisés que les Ardennes, la Meuse et le Boulonnais expédient, surtout dans notre région.

La richesse moyenne des phosphates fossiles soumis à mon examen a été la suivante :

Acide phosphorique.	Phosphate de chaux correspondant.
18.50	39.8.

La méthode généralement *imposée* par les extracteurs de phosphates fossiles, et qui est mentionnée dans leurs marchés sous le nom de *Méthode commerciale*, fournirait un titre moyen de 48 %, soit 9 % de différence en plus.

J'ai publié dans les *Annales de la Société académique de Nantes*, et dans le *Monitenr scientifique de Quesneville*, de nombreuses observations sur les vices de cette méthode dite commerciale. M. Joulie et d'autres savants ont écrit sous l'influence d'une pensée identique à la mienne. Quoiqu'il en soit, le procédé de simple dissolution dans un acide, et de précipitation par l'ammoniaque a prévalu dans la pratique malgré les chimistes. Il faut reconnaître qu'employé dans des circonstances identiques il fournit des résultats suffisants pour combattre les fraudes les plus généralement pratiquées, mais ce qui le fait particulièrement rechercher par le commerce, c'est la facilité de l'appliquer rapidement et d'initier à sa mise en œuvre un employé dénué de toute connaissance chimique. J'ai consacré de nouvelles recherches à étudier cette méthode, évidemment inexacte, et j'examinerai prochainement, dans un travail que je termine en ce moment, à quelles conditions elle peut fournir des chiffres constants.

Je ne quitterai pas ce sujet sans insister sur l'opportunité du renouvellement d'un vœu que le Conseil général de la Loire-Inférieure avait bien voulu formuler il y a deux ans.

Il serait très-désirable, en effet, *que les parquets poursuivissent* D'OFFICE *les tromperies sur la nature qui s'opèrent au grand jour dans le commerce des phosphates fossiles.*

Un tel vœu serait véritablement populaire dans toute la Bretagne, dans le centre de la France, et en général dans les régions où la culture des sols non calcaires et la pratique des défrichements motivent l'emploi des phosphates fossiles.

Noir animal. — Cet engrais qui a joué un rôle si prépondérant dans la Loire-Inférieure et dans les départements circonvoisins, est encore employé avec succès, mais le phosphate fossile, le guano, les engrais dits chimiques, sont aujourd'hui l'objet d'une faveur qui diminue proportionnellement l'importance agricole de cette matière. Nantes, au reste, n'est plus comme autrefois le marché presque unique, où arrivaient des navires chargés des résidus de raffinerie ou de sucrerie du monde entier, et il est heureux qu'un approvisionnement moins important en noir d'os ait coïncidé avec la découverte de ressources nouvelles. Ce que je dois constater une fois de plus, au sujet du noir de raffinerie, c'est que malgré l'apparente insolubilité de son phosphate en présence de tel ou tel réactif, il fournit à ma connaissance de très remarquables effets dans nos cultures locales.

L'analyse des 95 échantillons de noir envoyés au laboratoire a fourni comme résultat moyen :

Acide phosphorique.	Phosphate de chaux correspondant.
28.53.	62.2.

Engrais mixtes. — Sur les 44 échantillons de ces matières que j'ai examinés, 32 étaient formés par l'association de tourbes plus ou moins animalisées et de noir d'os. Dans d'autres circonstances, le produit osseux était mélangé avec du charbon de goëmon. On sait qu'en général le but de ces mélanges est de faire concorder une analyse portant un chiffre élevé avec un poids spécifique très-faible. La vente à l'hectolitre motive cette tactique, dont j'ai trop caractérisé la nature dans mes précédents rapports pour y revenir aujourd'hui.

Le résultat analytique moyen peut être ainsi résumé pour les engrais mixtes :

Acide phosphorique.	Phosphate de chaux. correspondant.	Azote.
13.16.	28.70.	2.55.

Superphosphates azotés. — 54 analyses faites sur des engrais de cette nature constituent une démonstration de l'intérêt qui s'attache à leur production et à leur emploi. Sous des noms très-divers ils représentent la matière obtenue par le traitement sulfurique de phosphates minéraux, de guanos phosphatés et en général de phosphates peu assimilables. Quelquefois cependant le noir animal, les poudres d'os, les os privés de gélatine sont la base de cette fabrication. L'addition de sulfate d'ammoniaque, de salpêtre, quelquefois même de substances animales divisées — sang, corne, etc., — est destinée à enrichir d'azote ces superphosphates dont les types sont aujourd'hui très-nombreux sur le marché de Nantes.

La moyenne de mes essais a fourni :

Azote.	Acide phosphorique soluble dans l'eau.	Phosphate de chaux correspondant.	Acide phosphorique insoluble.	Phosphate de chaux correspondant.
2.65.	8.6.	18.74.	7.1.	15.47.

L'expérimentation de cette catégorie d'engrais se fait en Bretagne sur une vaste échelle. Jusqu'à présent les résultats obtenus sont favorables. La seule question à résoudre, en ce qui les concerne, est relative au prix comparatif des récoltes obtenues sur produits osseux non acidifiés mais rendus solubles par leur mélange avec des substances organiques et sur phosphates divers traités par l'acide sulfurique. Le problème peut paraître simple aux esprits superficiels, les praticiens ont quelque droit à demander l'avis du sol avant de conclure.

Guano du Pérou. — 36 échantillons de guano ont été analysés pour le département. Presque tous avaient été remis par les consignataires du gouvernement péruvien, et provenaient de navires déchargés à Saint-Nazaire; tous venaient des îles Macabi et Guañape. La composition chimique de ces riches engrais a été en moyenne représentée par les chiffres ci-dessous :

Azote.	Acide phosphorique.	Phosphate de chaux correspondant.
10.99.	13.50.	29.43.

Dans deux circonstances la dose d'azote n'a été que de 8.26 et 8.50, mais elle s'est quelquefois élevée à plus de 15 %, et on sait parfaitement aujourd'hui que les échantillons de guano péruvien doivent être obtenus par l'écrasage et le mélange d'une quantité assez notable de substance pour représenter un titre vrai de l'ensemble. La nécessité d'un échantillonnage fait avec soin ressort au surplus des deux analyses suivantes faites par moi sur des mottes, l'une d'aspect argileux, et l'autre analogue à de la pierre, et dont la présence dans le guano avait ému des acheteurs.

	Mottes grises.	Mottes ayant l'aspect de pierre.
Azote.	14.51 %.	17.58 %.
Acide phophorique	8.24 %.	2.21 %.

Ces mottes, en résumé, sont très-riches en sels ammoniacaux.

Guanos composés. — On fabrique à Nantes des mélanges ayant l'odeur, l'apparence, la densité du guano péruvien, et dans lesquels entrent du guano, puis des cendres de tourbe, des terres jaunes, de l'ocre, des guanos ou phosphates naturels de Malden-Island, Navassa, etc. Rien de répréhensible lorsque les mélanges n'ont pour but que d'enrichir d'acide phosphorique le guano péruvien, mais lorsque sacs et plomb de l'engrais pur sont servilement imités jusqu'à la limite strictement permise par les lois, lorsque des produits valant 10 à 12 fr. les 100 kilos sont vendus 36 à 37 fr., on ne peut que déplorer l'insouciance avec laquelle les consommateurs effectuent leurs approvisionnements.

Sur 8 échantillons d'engrais analysés, j'ai constaté une dose moyenne de :

Acide phosphorique.	Phosphate de chaux correspondant.	Azote.
12.50.	27.25.	5.98.

Dans deux échantillons la dose d'azote ne s'élevait qu'à 2.04 et 2.36 %. La richesse maxima a été de 8.03 %.

Une substance siliceuse jaune ayant l'aspect du guano et évidemment destinée à la falsification de cet engrais, ne renfermait que 1.11 d'azote et 4.30 d'acide phosphorique.

Sulfate d'ammoniaque. — Riche en azote facilement assimilable, susceptible d'une conservation indéfinie, cette substance de jour en jour mieux appréciée, doit être analysée avec soin car sa proportion de principe utile peut descendre à un chiffre relativement faible. C'est ainsi que deux échantillons de ce sel ne m'ont offert que 10.15 et 11.82 % d'azote. Ils provenaient de déchets de fabrication et exhalaient une assez forte odeur goudronneuse.

Poudrettes. — Cette catégorie de matières fertilisantes est généralement peu appréciée dans le plus grand nombre des cantons de la Loire-Inférieure. Il serait fort désirable, cependant, que les matières des vidanges fussent utilisées sur une plus large échelle, et alors même qu'elles ne seraient employées que mélangées avec des phosphates d'origines diverses elles rendraient de grands services à notre agriculture. Le comice central a partagé cette manière de voir lorsqu'il a institué des récompenses pour ceux qui, les premiers, auront construit dans leurs domaines des fosses étanches et voûtées à l'instar de celles des Flandres, ou auront introduit et employé les instruments d'épandage dont se servent avec tant de succès les cultivateurs du Nord. En vue de trouver un débouché avantageux de ses produits, la compagnie de vidange atmosphérique, récemment installée à Nantes commence à fabriquer des poudrettes riches en azote. C'est une tentative par laquelle le développement de l'industrie maraîchère pourrait être favorablement influencée.

La richesse moyenne des poudrettes envoyées au laboratoire comportait 1.42 d'acide phosphorique et 2.19 °/o d'azote.

Je bornerai à ces chiffres principaux les détails se rapportant aux diverses sortes d'engrais analysés dans l'exercice écoulé. Il résulte de leur ensemble que les cultivateurs recherchent dans une proportion heureusement croissante les utiles indications fournies par le *laboratoire de chimie agricole*. C'est là au surplus un fait qui n'est pas spécial à notre département, puisque chaque année, quelques conseils généraux organisent des institutions identiques. De ces favorables symptômes il ne saurait résulter que le principe des fraudes sur les matières fertilisantes soit paralysé. L'adultération des engrais a lieu, en effet, sur une large échelle, mais ce qu'il ne faut pas oublier, c'est que le commerce dont cette adultération est la plaie progresse dans une énorme proportion. Le mal diminue donc sensiblement en réalité, et on peut affirmer que le nombre des cultivateurs connaissant la composition des engrais et sachant les acheter a centuplé depuis quelques années.

J'ai l'honneur d'être, Monsieur le Préfet, votre très-humble et très-obéissant serviteur.

Le directeur du laboratoire de chimie agricole,

A. Bobierre.

Nantes, imp. de Mme Ve C. Mellinet, place du Pilori, 5.

www.ingramcontent.com/pod-product-compliance
Ingram Content Group UK Ltd.
Pitfield, Milton Keynes, MK11 3LW, UK
UKHW021019220726
13924UKWH00001B/71